ΣBEST
シグマベスト

JN098616

# トコトン算数

## 小学3年の文章題ドリル

文英堂

# この本の  組み立てと使い方

| **①~㊹** ▶ | 練習問題で，1回分は2ページです。おちついて，問題をといていきましょう。 |
|---|---|
| **問題** ▶ | 文章題のとき方をせつ明するための問題です。 |
| **考え方** ▶ | 文章題のとき方が，くわしく書かれています。しっかり読んで，考え方を身につけましょう。 |
| **答え** ▶ | **問題** の答えです。 |

## ● 文章題で考える力をのばそう！

　この本は，文章題をとくためのきほんとなる考える力が，しっかり身につくように考えて作られています。文章をよく読んで，式をつくり，答えを出しましょう。

## ● 学習計画を立てよう！

　1回分は見開き2ページで，44回分あります。むりのない計画を立て，学習する習かんを身につけましょう。

## ● 答え合わせをして，まちがい直しをしよう！

　1回分が終わったら答え合わせをして，まちがった問題はもう一度やり直しましょう。まちがったままにしておくと，何度も同じまちがいをしてしまいます。どういうまちがいをしたかを知ることが考える力をアップさせるポイントです。

## ● とく点を記ろくしよう！

　この本の後ろにある「学習の記ろく」に，とく点を記ろくしましょう。そして，自分の苦手なところを見つけ，それをなくすようにがんばりましょう。

## ●「トライ！」を読んで，より深く考える力をのばそう！

　「重さづくりにトライ！」「ふしぎなかけ算にトライ！」で，より深く考える力をのばし，どのような問題でもとくことができる力を身につけましょう。

# もくじ

4

# 1 かけ算(1) ―①

**問題** 次の数は，九九の表の一部をとりだしたものです。

□にあてはまる数をもとめましょう。

(1) 9，12，15，□，21　　(2) 35，42，49，□，63

**考え方** かけ算では，かける数が1ふえると，答えはかけられる数だけふえます。

(1) 数は3ずつふえていますから，3のだんです。

3×5＝15の次ですから，□にはいるのは3×6＝18です。

(2) 数は7ずつふえていますから，7のだんです。

7×7＝49の次ですから，□にはいるのは7×8＝56です。

**答え** (1) 18　　(2) 56

**1** 次の数は，九九の表の一部をとりだしたものです。□にあてはまる数をもとめましょう。

[1問 5点]

(1) 6，8，10，□，14　　(2) 8，12，□，20，24

(3) 6，9，12，□，18　　(4) 8，□，24，32，40

(5) 6，12，□，24，30　　(6) 10，15，□，25，30

(7) 14，21，□，35，42　　(8) 36，45，□，63，72

**2** 1まい6円の画用紙を10まい買いました。 代金はいくらでしょう。 [20点]

式 _____

答え _____

**3** 1こ10円のチョコレートを7こ買いました。 代金はいくらでしょう。 [20点]

式 _____

答え _____

**4** 10cmは何mmでしょう。 [20点]

式 _____

答え _____

 **2** **かけ算(1) ─②**

（問題） おはじき入れをしたら，5点に0こ，3点に1こ，2点に5こ，0点に4こはいりました。とく点の合計は何点でしょう。

（考え方） （はいったところ）×（はいった数）を計算して，表にまとめると，次のようになります。

| はいったところ | 5点 | 3点 | 2点 | 0点 | 合計 |
|---|---|---|---|---|---|
| はいった数 | 0 | 1 | 5 | 4 | 10 |
| とく点 | 0 | 3 | 10 | 0 | 13 |

（答え） 13点

**1** おはじき入れをしたら，次のようになりました。表にまとめて，とく点の合計をもとめましょう。

[40点]

| はいったところ | 10点 | 5点 | 3点 | 0点 | 合計 |
|---|---|---|---|---|---|
| はいった数 | | | | | |
| とく点 | | | | | |

勉強した日　月　日　｜　時間 **20分**　合かく点 **80点**　答え べっさつ **4ページ**　とく点　点　｜　色をぬろう 60 80 100

**2** おさむくんはミニカーを4台持っています。　お兄さんは おさむくんの2倍，　お父さんはお兄さんの6倍持ってい ます。　お父さんはミニカーを何台持っているでしょう。

[20点]

式

答え

**3** えんぴつが3本セットで売られています。　このセットを 2セットずつ，9人の子どもに配ります。　配ったえんぴ つはぜんぶで何本になりますか。

[20点]

式

答え

**4** みゆきさんはかぜをひいたので，病院で薬をもらいまし た。1回に2こずつ，朝，昼，夜の食後に飲みます。4 日分では，薬は何こになるでしょう。

[20点]

式

答え

8

**3** かけ算(1) ──③

問題　8人にえんぴつを5本ずつ，ボールペンを2本ずつ配ります。
えんぴつとボールペンは，合わせて何本いるでしょう。

考え方　えんぴつは，5×8＝40（本），

ボールペンは，2×8＝16（本）

合わせて，40＋16＝56（本）となります。

また，1人分を先にもとめて，(5＋2)×8＝7×8＝56

とすると，かんたんにもとめることができます。

答え　56本

**1** 7人に，リンゴを2こずつ，なしを3こずつ配ります。
リンゴとなしは，合わせて何こいりますか。 [20点]

式

答え

**2** 8人で玉入れをします。1人に10こずつ玉をわたしました。今，4こずつ玉を投げました。投げていない玉は，ぜんぶで何こですか。 [20点]

式

答え

③ 子どもが 6 人います。1人に，赤い色紙を 4 まい，青い色紙を 3 まい配ります。 色紙はぜんぶで何まいいりますか。　　　　　　　　　　　　　　　　　　　　　[20点]

式

答え

④ 4人ずつすわれる長いすが 9 つあります。 そのうちの 3 つに，4 人ずつすわりました。 あと何人すわることができますか。　　　　　　　　　　　　　　　　　　　　[20点]

式

答え

⑤ 玉入れのあと，9 人で玉を 16 こずつかたづけます。今，7 こずつかたづけました。 のこっている玉は，ぜんぶで何こでしょう。　　　　　　　　　　　　　　　　[20点]

式

答え

 # 4 時こくと時間 ─ ①

---

問題 家を7時55分に出て，9分歩いて学校に着きました。学校に
着いたのは，何時何分ですか。

考え方 1時間は60分です。

60−55＝5より，あと5分で8時です。

9−5＝4より，学校に着いたのは，8時
から4分後の時こくです。

右のような図をかくと，わかりやすくなり
ます。

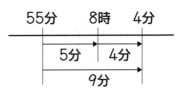

答え 8時4分

---

**1** 家を2時50分に出て，16分歩いて公園に着きました。
公園に着いたのは何時何分でしょう。 [20点]

答え _____

**2** 学校から25分歩いて，公園に10時14分に着きました。
学校を出たのは何時何分でしょう。 [20点]

答え _____

③ 雨がふってきたので，駅までかさを持って行きます。駅までは歩いて14分で，電車は18時6分に着きます。電車の着く時こくに駅に着くには，家を何時何分に出るとよいでしょう。 [20点]

答え

④ 海へ泳ぎに行きました。帰りは，車で3時間20分走って7時10分に着きました。海を出たのは何時何分でしょう。 [20点]

答え

⑤ 家を午前11時45分に出て，車で2時間35分走っておばさんの家へ行きました。おばさんの家に着いたのは何時何分ですか。午前，午後をつけて答えましょう。 [20点]

答え

 時こくと時間 ── ②

---

問題 　みひろさんは，図書室で 3 時 20 分から 4 時 5 分まで本を読んでいました。本を読んでいたのは何分間ですか。

考え方 　60 － 20 ＝ 40 より，3 時 20 分の 40 分後が 4 時です。

その 5 分後が 4 時 5 分ですから，

　　40 ＋ 5 ＝ 45

より，本を読んでいたのは 45 分間です。

答え 　45 分間

---

**1** 家を 2 時 45 分に出て，お母さんと買い物に行きました。帰ってきたのは 3 時 17 分でした。家を出てから帰ってくるまで何分かかりましたか。　　　　　　　　　　[20点]

答え _____

**2** 国語を 40 分，算数を 45 分勉強しました。合わせて何時間何分勉強したでしょう。　　　　　　　　　　[20点]

答え _____

③ 10時51分に車で家を出て，13時12分におばさんの家に着きました。何時間何分かかりましたか。 [20点]

答え _____

④ はくぶつかんに，午前11時30分にはいって，午後1時15分に出ました。はくぶつかんにいたのは何時間何分でしょう。 [20点]

答え _____

⑤ ピアノを，午前中に1時間40分，午後から2時間35分練習しました。合わせて何時間何分練習したでしょう。 [20点]

答え _____

 **時こくと時間 — ③**

---

**問題** ( )にあてはまる時間の単位を書きましょう。

(1) きゅう食を食べる時間は 20 ( )

(2) 夜，ねている時間は 8 ( )

(3) 50m 走るのにかかった時間は 11 ( )

**考え方** 1分より短い時間の単位に**秒**があります。

1分は60秒です。時間の単位は，1分より短いときは秒，

60分より長いときには時間，1分から60分までは分をあては

めます。

**答え** (1) 分　　(2) 時間　　(3) 秒

---

# 1 次の問いに答えましょう。

[1問　6点]

(1) 1分20秒は，何秒ですか。

(2) 1分35秒は，何秒ですか。

(3) 100秒は，何分何秒ですか。

(4) 75秒は，何分何秒ですか。

(5) 2分は，何秒ですか。

## 2 次の計算をしましょう。 [1問 5点]

(1) 37秒＋16秒

(2) 52秒－28秒

(3) 2分15秒＋3分40秒

(4) 6分42秒＋1分36秒

(5) 7分43秒－4分17秒

(6) 9分30秒－3分54秒

## 3 （　）にあてはまる時間の単位を書きましょう。 [1問 10点]

(1) 朝ごはんを食べる時間は20（　　　　　）

(2) 朝から夕方まで，学校にいた時間は8（　　　　　）

(3) プールで25m泳ぐのにかかった時間は50（　　　　　）

(4) 歯をみがく時間は3（　　　　　）

# 7  わり算 ─ ①

> **問題** 18このみかんを1人に3こずつ分けると, 何人に分けられますか。
>
> **考え方** 人数を□で表すと, 3×□＝18
>
> かけ算の3のだんでさがすと, □にあてはまる数は6です。
>
> **わり算で考えると**, 全体の数が18, 1つ分の数が3ですから,
>
> **全体の数 ÷ 1つ分の数 ＝ いくつ分**
>
> にあてはめると, 18÷3＝6となります。
>
> **答え** 6人

## 1

28本のえんぴつを, 1人に4本ずつ分けると, 何人に分けられますか。

[20点]

式

_____

答え

_____

## 2

色紙が30まいあります。1人に5まいずつ分けると, 何人に分けられますか。

[20点]

式

_____

答え

_____

勉強した日　月　日　時間 20分　合かく点 80点　答え べっさつ 7ページ　とく点 点　色をぬろう 60 80 100

③ あきこさんの組(くみ)は 32 人(にん)です。4人ずつではんをつくると, はんはいくつできますか。 [20点]

式(しき)

答(こた)え

④ 長(なが)さ 35cm のリボンがあります。 これを 7cm ずつに切(き)ると, リボンは何本(なんぼん)になりますか。 [20点]

式

答え

⑤ 63日間(にちかん)は, 何週間(なんしゅうかん)でしょう。 [20点]

式

答え

# 8 わり算 ― ②

---

**問題** 20このみかんを4人で同じ数ずつ分けると，1人分は何こになるでしょう。

**考え方** 1人分の数を□で表すと，□×4＝20

かけ算の4のだんでさがすと，□にあてはまる数は5です。

**わり算で考える**と，全体の数が20で，4等分ですから，

**全体の数 ÷ いくつ分＝1つ分の数**

にあてはめると，20÷4＝5となります。

**答え** 5こ

---

**1** 40このおはじきを，5人で同じ数ずつ分けると，1人分は何こになりますか。 [20点]

式

答え

**2** 画用紙が42まいあります。6人で同じ数ずつ分けると，1人分は何まいになるでしょう。 [20点]

式

答え

③ 長さ 72m のロープを 8 等分すると，1 本の長さは何 m になりますか。　[20点]

式

答え

④ おとな 16 人，子ども 20 人でドライブに行きます。9 台の車に同じ人数ずつ乗るとすると，1 台に何人乗ることになりますか。　[20点]

式

答え

⑤ 1 まい 20 円の絵はがきが 21 まい，1 まい 30 円の絵はがきが 28 まいあります。これを 7 人で同じ数ずつ分けると，1 人分は何まいになるでしょう。　[20点]

式

答え

 **9 わり算 ― ③**

---

【問題】 ひろこさんは 8 さいで，お母さんは 32 さいです。お母さんの
年はひろこさんの年の何倍でしょう。

【考え方】 □倍とすると，8×□＝32

かけ算の 8 のだんでさがすと，□にあてはまる数は 4 です。

これを，わり算で表すと，

32÷8＝4

このように，**何倍かをもとめるときは，わり算**になります。

【答え】 4倍

---

**1** たかしくんはミニカーを 20 台持っています。弟は 4 台持っています。たかしくんは弟の何倍持っていますか。

[20点]

式

答え

---

**2** 2 人でなわとびをしました。みつきさんは 9 回しかとべませんでした。ゆきこさんは 27 回とびました。ゆきこさんは，みつきさんの何倍とんだでしょう。

[20点]

式

答え

*21*

勉強した日　　月　　日　　　時間 20分　合かく点 80点　答え べっさつ8ページ　とく点　　点　　色をぬろう 60 80 100

③ 赤いリボンは54cm，青いリボンは6cmです。赤いリボンは青いリボンの何倍の長さですか。 [20点]

式

答え

④ えんぴつ1本のねだんは40円で，これは画用紙1まいのねだんの8倍です。画用紙1まいのねだんはいくらでしょう。 [20点]

式

答え

⑤ ゆみこさんは，おはじきを35こ持っています。これは，のりこさんの7倍です。のりこさんは，おはじきを何こ持っているでしょう。 [20点]

式

答え

22

# 10 わり算 —④

**1** みゆうさんは，色紙を50まい持っていました。今日，お母さんが買ってくれた24まいを3人で同じ数ずつ分けました。 みゆうさんの色紙は何まいになったでしょう。

[15点]

式 _____

答え _____

**2** 72ページの本を，1日に9ページずつ読んでいます。今日で5日間読みました。あと何日で読み終わるでしょう。

[15点]

式 _____

答え _____

**3** 画用紙が60まいあります。1人に7まいずつ配ると，4まいのこりました。何人に配ったのでしょう。

[15点]

式 _____

答え _____

勉強した日 　月　　日 　時間 **20分** 　合かく点 **80点** 　答え べっさつ 8ページ 　とく点 　　点 　色をぬろう 60 80 100

**④** 2人でなわとびをしています。あきこさんは 21 回とびました。これは、ふみこさんの 2 倍より 3 回多いです。ふみこさんは何回とんだでしょう。 [15点]

式

答え

**⑤** 1しゅう 30m のまるい形をした池のまわりに、6m ごとに木を植えます。木は何本いるでしょう。 [20点]

式

答え

**⑥** 長さ 35m の道にそって、5m ごとに木を植えます。両はしにも植えるとき、木は何本いるでしょう。 [20点]

式

答え

 **11 円と球 — ①**

（問題） 半径8cmの円の直径は何cmでしょう。

（考え方） 半径の長さは直径の長さの半分です。

また，直径の長さは半径の長さの2倍です。

したがって，円の直径は，

$$8 \times 2 = 16(cm)$$

となります。

（答え） 16cm

**1** 次の長さをもとめましょう。

[1問 5点]

(1) 半径6cmの円の直径　　(2) 半径5cmの円の直径

(3) 直径4cmの円の半径　　(4) 直径18cmの円の半径

(5) 半径3mの円の直径　　(6) 半径4mの円の直径

(7) 直径10mの円の半径　　(8) 直径14mの円の半径

勉強した日　月　日　　時間 20分　合かく点 80点　答え べっさつ 9ページ　とく点　点　色をぬろう 60 80 100

**2** 1辺の長さが8cmの正方形の中に，図のように円がきちんとはいっています。

[1問　10点]

(1) この円の直径は何cmですか。

(2) この円の半径は何cmですか。

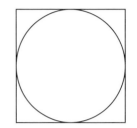

**3** 直径が12cmの円の中に，図のように同じ大きさの円が2つならんではいっています。

[1問　10点]

(1) 小さい円の直径は何cmですか。

(2) 小さい円の半径は何cmですか。

**4** 直径4cmの円が図のようにならんでいます。点アから点イまでの長さは何cmでしょう。

[20点]

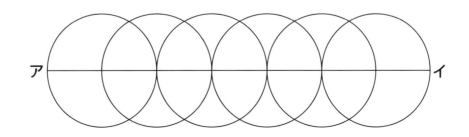

# 12 円と球 ── ②

**問題** 直径14cmの球の半径は何cmでしょう。

**考え方** 円と同じで，直径の半分が半径，半径の2倍が直径です。

$$14 \div 2 = 7$$

より，半径は7cmです。

**答え** 7cm

1 図のように，どの面も1辺の長さが8cmの正方形の箱に，球がきちんとはいっています。この球の半径は何cmですか。 [20点]

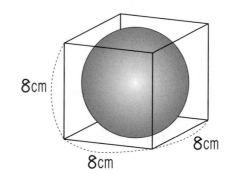

2 図のように，箱の中にボールがきちんとはいっています。

[1問 15点]

(1) このボールの直径は何cmですか。

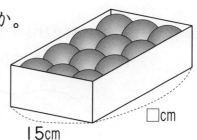

(2) 図の□にあてはまる数をもとめましょう。

時間 **20分**　合かく点 **80点**　答え べっさつ **9**ページ　とく点　点　色をぬろう 60 80 100

# ③

下の図で，小さい方は点**ア**を中心とする半径3cmの円，大きい方は点**イ**を中心とする半径4cmの円です。点**ア**から点**イ**までが5cmのとき，次の長さをもとめましょう。

［1問　10点］

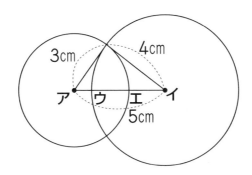

(1) 点**ア**から点**エ**までの長さ

(2) 点**イ**から点**ウ**までの長さ

(3) 点**イ**から点**エ**までの長さ

(4) 点**ア**から点**ウ**までの長さ

(5) 点**ウ**から点**エ**までの長さ

# 3けたの数の計算 ―①

問題 118円のメロンパンと，168円の牛にゅうを買いました。代金はいくらでしょう。

考え方 3けたになっても，2けたまでと同じように式をつくって計算します。「合わせていくつ」ですから，たし算になります。

118＋168＝286

答え 286円

**1** 上下2さつに分かれている本があります。上は256ページ，下は192ページあります。合わせて何ページでしょう。 [20点]

式 _____

答え _____

**2** 180mL入りの牛にゅうと350mL入りのジュースがあります。ジュースは牛にゅうより何mL多いでしょう。 [20点]

式 _____

答え _____

29

③ はくぶつかんに，午前中にはいった人は，おとなが367人，子どもが295人でした。合わせて何人でしょう。

[20点]

式

答え

④ スーパーで買い物をして309円はらいます。500円出すと，おつりはいくらでしょう。

[20点]

式

答え

⑤ 色紙で，つるを1000羽おります。これまでに，659羽おりました。あと何羽おればよいでしょう。

[20点]

式

答え

# 14 3けたの数の計算 ──②

**1** 336ページの本を読んでいます。これまでに197ページ読みました。のこりは何ページでしょう。 [15点]

式

答え

**2** ちひろさんは，726円持っています。今日，本を買って，480円はらいました。のこりは何円でしょう。 [15点]

式

答え

**3** 運動会で，青組のここまでのとく点は189点です。今，玉入れが終わって45点はいりました。ぜんぶで何点になったでしょう。 [15点]

式

答え

勉強した日　月　日　時間 20分　合かく点 80点　答え べっさつ10ページ　とく点　点　色をぬろう 60 80 100

④ 色紙でつるをおっています。あやこさんは257羽，きみこさんは311羽，しずかさんは286羽おりました。3人合わせると，何羽おれたでしょう。 ［15点］

式

答え

⑤ 760円の本を買います。516円しか持っていないので，お母さんから300円もらいました。本を買ったあと，のこっているのは何円ですか。 ［20点］

式

答え

⑥ 今日，これまでに動物園にはいったのは，おとなが375人，子どもが567人です。あと何人で1000人になるでしょう。 ［20点］

式

答え

#  15 4けたの数の計算

**1** 1280円のシャツと，350円のはんかちを買います。代金はいくらになりますか。 [15点]

式

答え

**2** ふじ山の高さは3776m，東京タワーの高さは333mです。ちがいは何mでしょう。 [15点]

式

答え

**3** 遊園地に，おとなが1598人，子どもが2436人います。合わせて何人いますか。 [15点]

式

答え

**4** 水が1200mLはいっているポットに，さらに720mLの水を入れると，ぜんぶで水は何mLになるでしょう。[15点]

式

答え

**5** 買い物に行って2000円出すと，おつりは705円でした。買い物で使ったのは何円でしょう。[20点]

式

答え

**6** 今日，ちょ金箱に48円を入れると，ぜんぶで2702円になりました。きのうまで，ちょ金箱には何円はいっていたでしょう。[20点]

式

答え

# 16 長 さ

> **問題** 家から公園までは 700m，公園から駅までは 500m です。家から公園を通って駅へ行くときの道のりをもとめましょう。
>
> **考え方** 道にそってはかった長さを **道のり**，まっすぐにはかった長さを **きょり** といいます。
>
> また，1000m を 1km と表します。
>
> もとめる道のりは，
>
> $$700m + 500m = 1200m = 1km200m$$
>
> **答え** 1km200m

**1** 家からスーパーまでは 700m，家から公園までは 300m です。スーパーまでの道のりは公園までの道のりより何m長いでしょう。 [20点]

式

答え

**2** 家からおじさんの家まで車で走ると，道のりは 15km でした。そこから，おばさんの家までは 37km でした。家からおばさんの家まで何km走ったでしょう。 [20点]

式

答え

**3** お父さんが，1しゅう 3km のジョギングコースを 5しゅう走りました。ぜんぶで何 km 走ったでしょう。 [20点]

式 _____

答え _____

**4** 家から車でスーパーまで行って，同じ道を通って帰ってきました。車のメーターをみると，16km 走ったことがわかりました。家からスーパーまでの道のりは何 km でしょう。 [20点]

式 _____

答え _____

**5** ボール投げを 2回しました。まきじゃくではかると，1回目は 24m74cm，2回目は 26m90cm でした。2回目は，1回目より何 m 何 cm 遠くへ投げましたか。 [20点]

式 _____

答え _____

# 17 あまりのあるわり算─①

**問題** あめが23こあります。1人に3こずつ分けると，何人に分けることができますか。また，何こあまりますか。

**考え方** 23こを3こずつ分けるから，

23÷3＝7あまり2

となります。
答えをたしかめるには，3こずつ7人に分け，2こあまるから，

3×7＋2＝21＋2＝23

となり，はじめのあめの数になります。

**答え** 7人に分けられて，2こあまる

**1** キャンディーが30こあります。1人に7こずつ分けると，何人に分けられますか。また，何こあまりますか。 [20点]

式

答え

**2** 色紙が50まいあります。1人に6まいずつ分けると，何人に分けられるでしょう。また，何まいあまるでしょう。

[20点]

式

答え

**3** 長さが 35m のロープがあります。 これを，4m ずつに切っていくと，4m のロープは何本できますか。 また，何m あまりますか。 [20点]

式

答え

**4** おはじきが，58 こあります。9人で同じ数ずつ分けると，1人分は何こになるでしょう。 また，何こあまるでしょう。 [20点]

式

答え

**5** 36本のえんぴつを，5人で同じ数ずつ分けます。1人分は何本になるでしょう。 また，何本あまるでしょう。 [20点]

式

答え

 # 18 あまりのあるわり算――②

> 問題 子どもが26人います。1つの長いすに3人ずつすわると，長いすはいくついるでしょう。
>
> 考え方 26人を3人ずつに分けると，
>
> 　　26÷3＝8あまり2
>
> となります。長いすが8つでは，2人すわれませんから，もう1ついります。つまり，9つになります。
>
> このように，あまりのあるわり算の問題では，問題をよく読んで，**あまりをどうするか**を考えます。
>
> 答え 9つ

1 子どもが31人います。1つの長いすに4人ずつすわるとき，長いすはいくついるでしょう。 [20点]

式

答え

2 40このボールを6こずつ箱に入れます。6こ入りの箱はいくつできるでしょう。 [20点]

式

答え

③ 玉入れの玉が 60 こあります。それを，かごにもどします。１回に８こずつもどすとき，何回でぜんぶもどすことができますか。　[20点]

式

答え

④ 内がわの長さが 30cm の本立てに，あつさが 4cm の本を立てていきます。本は何さつ立てられるでしょう。　[20点]

式

答え

⑤ わかざりを１こつくるのに，テープが 8cm いります。70cm のテープから，これまでに３このわかざりをつくりました。わかざりは，あと何こつくれるでしょう。　[20点]

式

答え

# 19 あまりのあるわり算 ─③

**問題** ゆうこさんの組は32人で，6つのグループに分かれて話し合いをすることになりました。できるだけ同じ人数に分かれるとき，何人のグループがいくつずつできますか。

**考え方** 32人を6つのグループに分けると，

32÷6＝5あまり2

となります。5人ずつ6つのグループをつくると2人あまりますから，この2人を1人ずつ入れたグループが2つできます。

**答え** 6人のグループが2つと5人のグループが4つ

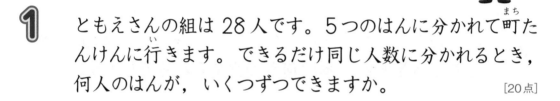

**1** ともえさんの組は28人です。5つのはんに分かれて町たんけんに行きます。できるだけ同じ人数に分かれるとき，何人のはんが，いくつずつできますか。 [20点]

式

答え

**2** 色紙が69まいあります。できるだけ同じ数になるように8人で分けるとき，1まい多くもらえる人は何人でしょう。 [20点]

式

答え

勉強した日　　月　　日

時間 **20分**　合かく点 **80点**　答え べっさつ **13ページ**

とく点　　　点

色をぬろう 60 80 100

③ 玉入れの玉 60 こを，7人でかごにもどします。できる
だけ同じ数ずつかたづけるとき，かたづける数が１こ少
なくてすむ人は何人でしょう。 [20点]

式

答え

④ 42 このたこやきを 8人で同じ数になるように分け，の
こりはすべて，じゃんけんで勝った人が１人じめします。
じゃんけんに勝った人はたこやきを何こ食べられるでしょ
う。 [20点]

式

答え

⑤ 内がわの長さが 28cm の本立てが 2つあります。この 2つ
の本立てに，あつさ 6cm の図かんを立てていくと，何さ
つ立てられますか。 [20点]

式

答え

# 大きな数 —①

問題　21584690について，次の問いに答えましょう。

(1)　2は，何の位の数ですか。

(2)　十万の位の数は何ですか。

考え方　大きな数を読むときには，右から4けためと，5けため
の間に**万**を入れます。

2158│4690
　　　│
　　　万

(1)　2は千万の位の数です。

(2)　十万の位の数は5です。

答え　(1)　千万の位　　(2)　5

---

1　36427095について，次の問いに答えましょう。

［1問　8点］

(1)　2は何の位の数ですか。

(2)　6は何の位の数ですか。

(3)　十万の位の数は何ですか。

(4)　一番上の位は何の位ですか。

(5)　36427095の読み方を漢字で書きましょう。

**2** 次の数の読み方を，漢字で書きましょう。　［1問　10点］

(1)　20563809

(2)　50080604

**3** 次の数を，数字で書きましょう。　［1問　10点］

(1)　五千六百七十二万九千四十五

(2)　二千三十万八

**4** 次の数を，数字で書きましょう。　［1問　10点］

(1)　百万を7こ，千を4こ合わせた数

(2)　99999990より10大きい数

# 21 大きな数 — ②

問題　家にあるテレビは22万円，電子レンジは14万円でした。
合わせて何円になりますか。また，ちがいは何円ですか。

考え方　1万がいくつになるかを考えます。

22万は1万が22こ，14万は1万が14こです。

合わせると，22＋14＝36より，

22万＋14万＝36万

ちがいは，22－14＝8より，

22万－14万＝8万

答え　合わせて36万円，ちがいは8万円

1　れいぞうこが18万円，せんたくきが13万円です。合わせていくらになるでしょう。 [20点]

式

答え

2　大がたテレビは77万円，ノートパソコンは28万円です。ちがいは何円でしょう。 [20点]

式

答え

**3** 3つの市の人数は，右の表のように
なっています。3つの市の合計人数
は何人でしょう。　　　　　［20点］

| 市名 | 人数（人） |
|------|--------|
| 東市 | 23 万 |
| 西市 | 14 万 |
| 南市 | 17 万 |

式

答え

**4** 1，3，5，7，9の数字が書かれている5まいのカード
があります。このカードをならべかえてできる5けたの
数のうち，一番大きな数は何ですか。　　　　　［20点］

答え

**5** 0，2，4，6，8の数字が書かれている5まいのカード
があります。このカードをならべかえてできる5けたの
数のうち，一番小さな数は何ですか。　　　　　［20点］

答え

# 22 三角形 —①

**問題** まわりの長さが 17cm の二等辺三角形があります。1辺の長さが 5cm で，のこりの 2辺の長さが等しいとき，等しい 2辺の長さは何 cm ですか。

**考え方** 2辺の長さが等しい三角形を**二等辺三角形**，3辺とも長さが等しい三角形を**正三角形**といいます。まわりの長さから 1辺の長さをひくと，等しい 2辺の長さをたした長さになり，それを 2でわって，

(17−5)÷2＝12÷2＝6

**答え** 6cm

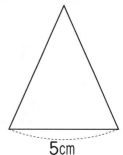

5cm

**1** 1辺の長さが 7cm である正三角形があります。この正三角形のまわりの長さは何 cm ですか。　　[20点]

式

答え

**2** まわりの長さが 18cm の正三角形があります。この正三角形の 1辺の長さは何 cm ですか。　　[20点]

式

答え

**③** 1辺の長さが6cmで，のこりの2辺の長さがともに9cmである二等辺三角形があります。この二等辺三角形のまわりの長さは何cmですか。　[20点]

式

答え

**④** まわりの長さが16cmの二等辺三角形があります。等しい2辺の長さが6cmのとき，のこりの辺の長さは何cmですか。　[20点]

式

答え

**⑤** まわりの長さが19cmの二等辺三角形があります。1辺の長さが7cmで，のこりの2辺の長さが等しいとき，等しい2辺の長さは何cmですか。　[20点]

式

答え

# 23 三角形 ─②

**1** 点**オ**を中心とする半径3cmの円に，図のように三角形を2つかきました。 [1問 5点]

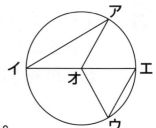

(1) 三角形**アイオ**はどんな三角形ですか。

(2) 辺**ウエ**の長さが3cmのとき，三角形**ウエオ**はどんな三角形ですか。

**2** 図のように，点**ア**と点**イ**を中心とする半径4cmの円が交わる点を**ウ**，**エ**とするとき，次の問いに答えましょう。

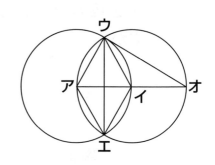

[1問 10点]

(1) 三角形**イオウ**はどんな三角形ですか。

(2) 三角形**アエウ**はどんな三角形ですか。

(3) 三角形**アイウ**のまわりの長さは何cmですか。

(4) 四角形**アエイウ**のまわりの長さは何cmですか。

勉強した日 ┃ 月 ┃ 日

時間 **20分** 合かく点 **80点** 答え べっさつ **15ページ**

とく点 ┃ 点

色をぬろう
60 80 100

1辺の長さが5cmの正方形ア
イウエの4つの頂点から，半
径5cmの円を正方形の内部に
かき，図のように，三角形を
2つかきました。 [1問 10点]

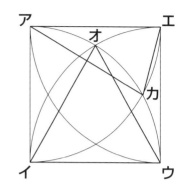

(1) 辺アカは何cmですか。


(2) 三角形アカエはどんな三角形ですか。


(3) 三角形オイウはどんな三角形ですか。


(4) 三角形オイウのまわりの長さは何cmですか。

右の図形は，1辺の長さが
6cmの正方形に，正三角形を
4こつけたものです。この図
形のまわりの長さは何cmで
しょう。 [10点]

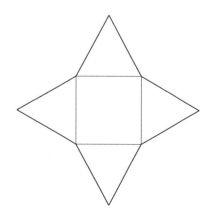

# 24 かけ算(2)─①

---

**問題** えんぴつが 6 ダースあります。ぜんぶで何本でしょう。

**考え方** 1 ダースは 12 本です。これが, 6 ダースだから,

$$12 \times 6 = 72$$

となります。

このように, かけられる数が 2 けたや 3 けたになっても,

**全体の数 = 1 つ分の数 × いくつ分**

で計算します。

**答え** 72 本

---

**1** 絵はがきを出すために, 63 円切手を 9 まい買いました。代金はいくらでしょう。 [20点]

式 _____

答え _____

**2** 18L 入りのとう油のポリタンクが 7 つあります。とう油はぜんぶで何Lになりますか。 [20点]

式 _____

答え _____

③ １こ63円のアイスクリームを8こ買います。代金はいくらでしょう。 [20点]

式

答え

④ １辺の長さが27cmの正方形があります。この正方形のまわりの長さは何cmでしょう。 [20点]

式

答え

⑤ チョコレートを6箱買いました。１箱に36こずつはいっています。チョコレートはぜんぶで何こあるでしょう。 [20点]

式

答え

52

# 25 かけ算(2) ─②

**1** 南小学校の3年生は4組まであって，どの組も37人ずつです。3年生はぜんぶで何人いるでしょう。 [15点]

式

答え

**2** 本が5さつあり，5さつとも96ページずつあります。ぜんぶで何ページあるでしょう。 [15点]

式

答え

**3** 200mL入りのジュースは76円です。1L入りのジュースのねだんは，200mL入りのジュースのねだんの4倍です。1L入りのジュースのねだんはいくらでしょう。 [15点]

式

答え

**4** かざりを１こつくるのに，テープが 46cm いります。この かざりを６こつくるとき，テープは何m何cm いるでしょう。

[15点]

式 _____

答え _____


**5** 色紙を１人に 54 まいずつ分けると，ちょうど９人に分けられました。はじめに色紙は何まいあったでしょう。

[20点]

式 _____

答え _____


**6** ７台のバスで遠足に行きます。１台のバスには 55 人乗っています。みんなで何人乗っているでしょう。

[20点]

式 _____

答え _____

54

 **26** かけ算(2) ―③

**1** 1mのねだんが218円のリボンを7m買います。代金はいくらでしょう。 [15点]

式

答え

**2** 500mL入りのジュースのねだんは148円です。このジュースを6本買うと，代金はいくらでしょう。 [15点]

式

答え

**3** ある電車は，1両に185人まで乗ることができるそうです。8両では何人乗ることができるでしょう。 [15点]

式

答え

**4** 長さ182cmの板を3まいつなぐと，長さは何m何cmになるでしょう。 [15点]

式 _____

答え _____

**5** 720mL入りのジュースが9本あります。ジュースはぜんぶで何L何mLあるでしょう。 [20点]

式 _____

答え _____

**6** 1しゅう325mのジョギングコースを5しゅう走りました。何km何m走ったでしょう。 [20点]

式 _____

答え _____

# 27  かけ算(2) ─ ④

**1** 1本63円のえんぴつ4本と, 1こ88円のけしゴムを2こ買いました。代金はいくらでしょう。 [15点]

式

答え

**2** 1さつ84円のノートを4さつ買って, 500円出しました。おつりはいくらでしょう。 [15点]

式

答え

**3** おとな3人, 子ども5人でプールへ行きました。入場りょうは, おとなが420円, 子どもが160円です。入場りょうはぜんぶでいくらになるでしょう。 [15点]

式

答え

57

時間 20分　合かく点 80点　答え べっさつ17ページ　とく点 点　色をぬろう 60 80 100

**4** 7人の人に絵はがきを送ります。絵はがきは1まい28円で，63円切手をはります。絵はがきと切手の代金は合わせていくらでしょう。 [15点]

式

答え

**5** 1こ95円のドーナツが，5こずつ箱にはいっています。この箱を6箱買うと，代金はいくらでしょう。 [20点]

式

答え

**6** 記ねん切手を5シート買います。1シートは，120円切手が8まいです。代金はいくらでしょう。 [20点]

式

答え

58

## 28 小数 — ①

**1** 家から公園までは 1.9km，公園から駅までは 2.3km あります。家から公園を通って駅へ行くときの道のりは何km ですか。 [15点]

式

_____

答え

_____


**2** 長さ 3.2m のテープがあります。このテープから 1.4m 切り取りました。のこりは何mでしょう。 [15点]

式

_____

答え

_____


**3** 8.4L と 5.6L の牛にゅうがあります。合わせて何Lになるでしょう。 [20点]

式

_____

答え

_____

④ 7.2kmのハイキングコースを歩いていると、「のこり1.2km」と書いてありました。これまでに、何km歩いたでしょう。 [20点]

式

答え

⑤ 右の図のように、正方形が2つならんでいます。

[1問　15点]

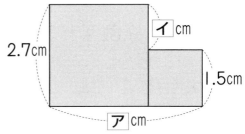

2.7cm

イ cm

1.5cm

ア cm

(1) アにあてはまる数を答えましょう。

式

答え

(2) イにあてはまる数を答えましょう。

式

答え

# 29 小数 —— ②

**1** お湯が 2.8L ポットにはいっています。このうち，1.9L 使いました。のこりは何 L ですか。　　　　　　　　　　[15点]

式

答え

**2** 車にガソリンが 12.7L のこっています。ガソリンスタンドで 19.8L 入れました。合わせて何 L になったでしょう。　　　　　　　　　　[15点]

式

答え

**3** たてが 12.5cm，横が 15.2cm の長方形があります。横の長さはたてよりも何 cm 長いでしょう。　　　　　　　　　　[15点]

式

答え

勉強した日　月　日　時間 20分　合かく点 80点　答え べっさつ18ページ　とく点　点　色をぬろう 60 80 100

**4** 身長をはかると，たかしくんは 137.5cm，おさむくんは 129.8cm でした。たかしくんは，おさむくんより何cm高いでしょう。　　[15点]

式

答え

**5** ３辺の長さが 5.4cm，6.5cm，8.3cm の三角形があります。この三角形のまわりの長さは何cmですか。　　[20点]

式

答え

**6** 長さ 45.3cm のテープがあります。ここから，長さ 12cm のテープを３本切り取ります。のこりは何cmになりますか。　　[20点]

式

答え

# 30 分 数

**問題** 1mのテープを3等分しました。1本の長さは何mですか。

**考え方** 1mを3等分した1こ分の長さを1mの**三分の一**といい，$\frac{1}{3}$と表します。

$\frac{1}{3}$mの2こ分は$\frac{2}{3}$m，3こ分は$\frac{3}{3}$m，つまり，1mになります。

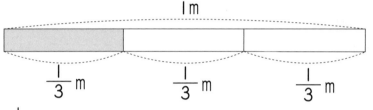

1m

$\frac{1}{3}$m          $\frac{1}{3}$m          $\frac{1}{3}$m

**答え** $\frac{1}{3}$m

**1** 1Lのジュースを4つのコップに同じかさになるように入れました。1つのコップには何Lのジュースがはいっているでしょう。

[20点]

**答え** _____

**2** 1kgのねん土を9等分して，ねん土玉をつくりました。このねん土玉4こ分の重さは何kgでしょう。

[20点]

**答え** _____

③ 1Lの水がはいる入れ物に，右の図のように水がはいっています。　［1問　10点］

(1) 水は何Lはいっていますか。

(2) あと何Lの水を入れると，いっぱいになりますか。

④ 1Lの水がはいる入れ物ア，イに，右の図のように水がはいっています。　［1問　10点］

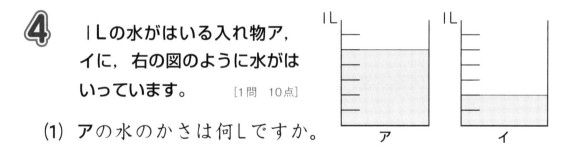

(1) アの水のかさは何Lですか。

(2) イの水のかさは何Lですか。

(3) 2つ合わせた水のかさは何Lですか。

(4) 水のかさのちがいは何Lですか。

# 31 表とグラフ──①

**1** すきなくだもの調べをして表にまとめると、次のようになりました。この表を、人数の多いじゅんにくだものを3つならべ、のこりをその他にして整理します。このとき、次の問いに答えましょう。

[1問　10点]

(1) 人数の合計は何人ですか。

| くだもの | 人数 |
|---|---|
| もも | 8 |
| メロン | 11 |
| すいか | 7 |
| ぶどう | 3 |
| いちご | 4 |
| りんご | 4 |

(2) その他にはいるくだものを、すべて答えましょう。

| くだもの | 人数 |
|---|---|
|  |  |
|  |  |
|  |  |
| その他 |  |
| 合計 |  |

(3) その他は何人になりますか。

(4) 右の表に整理しましょう。

**2** 家族でおすしを食べに行きました。みんなが食べたものをじゅんに書くと，次のようになりました。

[1問　15点]

> まぐろ，はまち，いか，えび，まぐろ，はまち，
> えび，たまご，まぐろ，いくら，いか，たまご，
> まぐろ，えび，はまち，いか，たまご，まぐろ，
> たい，はまち，まぐろ，えび，はまち，まぐろ，
> はまち，たこ，えび，まぐろ，はまち，いくら，
> はまち，いか，えび，まぐろ，あなご，まぐろ

(1) 食べたおすしの数を調べて，右の表にまとめましょう。

(2) その他にはいるのは，どんなおすしですか。すべて答えましょう。

(3) 一番たくさん食べたのはどのおすしですか。

(4) いかとえびでは，どちらが何こ多いですか。

| おすし | こ数 |
| --- | --- |
| まぐろ |  |
| はまち |  |
| えび |  |
| いか |  |
| たまご |  |
| その他 |  |
| 合計 |  |

# 表とグラフ──②

**1** 次のぼうグラフは，この１週間にかりた本の数を学年ごとにまとめたものです。このぼうグラフについて，次の問いに答えましょう。

[1問　10点]

(1) １目もりは何さつですか。

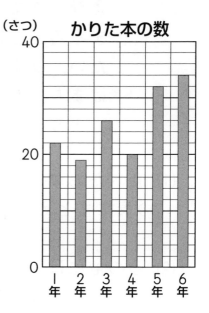

(2) 一番多く本をかりたのは，何年生で，それは何さつですか。

(3) 一番少なかったのは何年生で，それは何さつですか。

(4) １年から６年まで合わせると，かりた本はぜんぶで何さつですか。

## ❷ 次のぼうグラフは、6日間に読書をした時間をまとめたものです。このぼうグラフについて、次の問いに答えましょう。

[1問　10点]

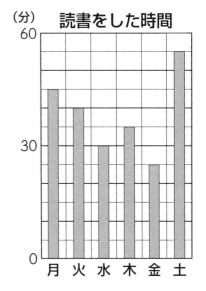

(分)　**読書をした時間**

60

30

0
月 火 水 木 金 土

(1) 1目もりは何分ですか。

(2) 火曜日は何分読書をしましたか。

(3) 木曜日は何分読書をしましたか。

(4) 一番長い時間読書をしたのは、何曜日で、それは何分ですか。

(5) 一番長い日と一番短い日で、ちがいは何分ですか。

(6) この6日間で、合わせて何時間何分読書をしましたか。

# 表とグラフ──③

問題　右の表で，ア，イ，ウにあてはまる数を答えましょう。

| 組 | 1組 | 2組 | 合計 |
|---|---|---|---|
| 男子 | 18 | 19 | 37 |
| 女子 | 17 | 16 | イ |
| 合計 | ア | 35 | ウ |

考え方　アは，1組の男子と女子の合計だから，

18＋17＝35

イは，1組と2組の女子の合計だから，17＋16＝33

ウは，全体の合計だから，たてに計算すると，37＋33＝70

答え　アは35，イは33，ウは70

 1組から3組までで，すきな動物を調べると，次のようになりました。これを，1つの表にまとめましょう。　[40点]

1組…パンダ14人，うさぎ5人，コアラ8人，その他7人

2組…パンダ10人，うさぎ6人，コアラ14人，その他4人

3組…パンダ12人，うさぎ11人，コアラ7人，その他5人

| 動物 | 1組 | 2組 | 3組 | 合計 |
|---|---|---|---|---|
| パンダ | | | | |
| うさぎ | | | | |
| コアラ | | | | |
| その他 | | | | |
| 合計 | | | | |

勉強した日 | 月 | 日

時間 **20分**　合かく点 **80点**　答え べっさつ **20ページ**

とく点 ‪　　　‬点

色をぬろう ☆ ☆ ☆ 60 80 100

 **2**　4月から6月までにけがをした3年生の人数を，けがのしゅるいごとに表にしました。

[1問　20点]

| けが | 4月 | 5月 | 6月 | 合計 |
|---|---|---|---|---|
| すりきず | | 13 | 12 | 35 |
| 切りきず | 12 | | 11 | 32 |
| うちみ | | 16 | 19 | |
| その他 | 9 | | | 25 |
| 合計 | 49 | 44 | | |

(1) 上の表で，あいているところにあてはまる数を書きましょう。

(2) けがをした人が一番多かったのは何月ですか。また，それは何人ですか。

(3) 3か月で，一番多いけがのしゅるいは何ですか。また，それは何人ですか。

# 重さ —①

---

**問題** 重さ360gの箱に，950gの荷物を入れます。全体の重さは何kg何gになりますか。

**考え方** 1kg＝1000g です。

全体の重さは，

360g＋950g＝1310g＝1kg310g

となります。

**答え** 1kg310g

---

**1** 130gのかんに，さとうを420g入れると，重さはぜんぶで何gになるでしょう。 [20点]

式

答え

---

**2** じてんの重さをはかると740gでした。絵本の重さをはかると450gでした。じてんは絵本より何g重いでしょう。 [20点]

式

答え

**3** ランドセルの重さをはかると，1kg200gでした。このランドセルに，教科書やノートを入れてはかると，2kg350gになりました。ランドセルの中に入れたものの重さをもとめましょう。 [20点]

式 _____

答え _____

**4** 水270gにしおを20g入れてよくかきまぜると，きれいにとけて，しおは見えなくなりました。このしお水の重さは何gでしょう。 [20点]

式 _____

答え _____

**5** 重さ800gの水そうに，水を7L入れてはかると，7800gになりました。水1Lの重さは何kgでしょう。 [20点]

式 _____

答え _____

# 35 重さ─②

**1** 重さ14kgの荷物が6こあります。ぜんぶで何kgになるでしょう。 [15点]

式

答え

**2** 同じ重さのお米が7ふくろあり，ぜんぶの重さは35kgです。このお米1ふくろの重さは何kgですか。 [15点]

式

答え

**3** 水1Lの重さは1kgです。おふろのよくそうに水が250Lはいるとき，よくそう8はい分の水の重さはぜんぶで何kgになりますか。また，それは何tですか。 [15点]

式

答え

④ 1本の重さが 520g のジュース 6本を，重さ 150g の箱に入れると，全体の重さは何 kg 何 g になりますか。

[15点]

式

答え

⑤ 1本 130g の電池が，4本で 1パックになっています。8パック分では何 kg 何 g になりますか。

[20点]

式

答え

⑥ おとな 4人，子ども 8人でバーベキューをします。おとなは 1人 350g，子どもは 1人 170g のお肉を食べるとすると，お肉はぜんぶで何 kg 何 g いりますか。

[20点]

式

答え

# 重さづくりにトライ！

おもりの重さをくふうして，少ないおもりで1gから60gまでの重さをてんびんではかれるようにしてみましょう。

● てんびんで重さをはかるとき，あらかじめ重さのわかっているものがあると，くらべるのはかんたんです。

● 1円玉1まいの重さは1gですから，てんびんで1円玉8まいとつりあうものの重さは8gです。このように，1円玉がたくさんあれば，重さが何gであるかを調べることができます。

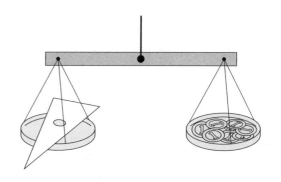

● しかし，重くなるにつれ，1円玉のまい数をかぞえるのがたいへんになります。そこで，5gや10gのおもりを使って，てんびんにのせたおもりの重さの合計を計算することで，重さをはかるのです。

たとえば，

　　　1gが5こ，5gが1こ，10gが5こ

の，11このおもりがあれば，1gから60gまではかることができます。

● では，おもりの重さをくふうして，おもりの数をへらすことができないかを考えてみましょう。

1g，2g，3g，4gのおもりが1こずつあるとき，右のように，1gから10gまでを，4このおもりを組み合わせることで，はかることができます。

$$5g = 4g + 1g$$
$$6g = 4g + 2g$$
$$7g = 4g + 3g$$
$$8g = 4g + 3g + 1g$$
$$9g = 4g + 3g + 2g$$
$$10g = 4g + 3g + 2g + 1g$$

- ここで，3gのかわりに8gのおもりを使うと，どうなるでしょう。

　1g，2g，4g，8gの4このおもりで，右のように，1gから15gまでをはかることができるのです。

$$3g = 2g + 1g$$
$$5g = 4g + 1g$$
$$6g = 4g + 2g$$
$$7g = 4g + 2g + 1g$$
$$9g = 8g + 1g$$
$$10g = 8g + 2g$$
$$11g = 8g + 2g + 1g$$
$$12g = 8g + 4g$$
$$13g = 8g + 4g + 1g$$
$$14g = 8g + 4g + 2g$$
$$15g = 8g + 4g + 2g + 1g$$

- この4こと，16gのおもりを使うと，1gから15gまでに，16gをたすことで，

　　17gから31g

まではかることができます。
つまり，1g，2g，4g，8g，16gの5このおもりで，

　　1gから31g

までをはかることができるのです。ここで，この5このおもりの重さは，はじめの1gを，じゅんに2倍していったものになっています。

$$1g \xrightarrow{2倍} 2g \xrightarrow{2倍} 4g \xrightarrow{2倍} 8g \xrightarrow{2倍} 16g$$

- 16gを2倍すると32gですから，同じように考えると，

　　1g，2g，4g，8g，16g，32g

の，6このおもりを使うことで，

　　1gから63g

までをはかることができます。

- 前のページで，1gから60gまでをはかるとき11このおもりを使いましたが，この方ほうでは6こでできるのです。

# 36  かけ算(3)—①

**1**
50円切手を 45まい買いました。 代金はいくらでしょう。 [15点]

式 _____

答え _____

**2**
水泳の練習で, 25mを 18本泳ぎます。 ぜんぶで何m泳ぐことになるでしょう。 [15点]

式 _____

答え _____

**3**
よしこさんの組は 27人です。 色紙を 1人に24まいずつ配ると, 色紙はぜんぶで何まいいるでしょう。 [15点]

式 _____

答え _____

**4** 1本68円のかんジュースを36本買います。代金はいくらでしょう。　[15点]

式

答え

**5** かざりを1こつくるのに、リボンが72cmいります。このかざりを38こつくるには、リボンは何m何cmいるでしょう。　[20点]

式

答え

**6** 1日は何分でしょう。　[20点]

式

答え

# 37  かけ算(3)── ②

**1** 84円切手を 15まい，94円切手を 8まい買いました。
代金はいくらでしょう。

[15点]

式

答え

**2** 色紙を 600まい買いました。34人の人に，1人に16ま
いずつ配ると，何まいあまるでしょう。

[15点]

式

答え

**3** 1本42円のえんぴつを 18本買いました。1000円出
すと，おつりはいくらでしょう。

[15点]

式

答え

**4** えんぴつが 30 ダースあります。50人の人に 7本ずつ配ると，何本あまるでしょう。 [15点]

式

答え

**5** テープが 9m あります。かざりを 1 こつくるのに，テープが 28cm いります。このかざりを 32 こつくると，テープは何 cm のこるでしょう。 [20点]

式

答え

**6** ねん土で，重さ 45g の玉を 37 こと，重さ 27g の玉を 74 こ作ります。ねん土は何 kg 何 g いるでしょう。 [20点]

式

答え

80

# 38 かけ算(3)ー③

**1** 水泳の練習で，25mを15本泳ぎます。7日間では，ぜんぶで何m泳ぐことになるでしょう。 [15点]

式

答え

**2** えんぴつを3ダースずつ，17人に配ります。えんぴつはぜんぶで何本いりますか。 [15点]

式

答え

**3** かぜをひいたので，病院で薬をもらいました。1回に25mLずつ，朝，昼，夜の食後に飲みます。5日分では，薬は何mLになりますか。 [15点]

式

答え

④ 50円切手と20円切手を，それぞれ14まいずつ買います。代金はいくらでしょう。 [15点]

式

答え

⑤ 1本78円のマジックと，1まい16円の画用紙を，それぞれ29人分買いました。代金はいくらでしょう。 [20点]

式

答え

⑥ さとしさんの組は38人です。みんなに赤い色紙を24まい，青い色紙を18まいずつ配ります。色紙は赤，青合わせて何まいいるでしょう。 [20点]

式

答え

 かけ算(3)—④

1. 120円切手を25まい買います。代金はいくらになりますか。 [15点]

式

_____

答え

_____


2. 1しゅう254mのジョギングコースを14しゅうしました。ぜんぶで何m走ったでしょう。 [15点]

式

_____

答え

_____


3. 1本375mLのジュースが24本あります。ジュースはぜんぶで何mLになりますか。 [15点]

式

_____

答え

_____

④ みつきさんの組は28人です。1人に216まいずつ色紙を配ります。色紙はぜんぶで何まいいるでしょう。 ［15点］

式

答え

⑤ 126円のポテトチップスを37ふくろ買うと，62円安くしてくれました。代金は何円でしょう。 ［20点］

式

答え

⑥ 本を32さつ買います。そのうち31さつは525円ですが，1さつだけ735円です。代金はぜんぶで何円でしょう。 ［20点］

式

答え

# ふしぎなかけ算にトライ！

1から9までの数のうち，相手がきめた数がピタリとわかるふしぎなかけ算をしてみましょう。

● 1から9までの数のうち，あなたがすきな数を1つきめてください。その数が何か，あててみましょう。

● まず，37にその数をかけてください。
　次に，その答えを3倍すると，いくつになりますか。言ってください。
　はじめにあなたがきめた数は，3つならんだその数です。

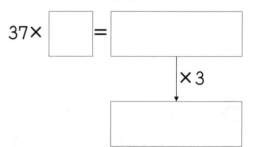

● どうしてそうなるのか，考えてみましょう。
　あなたがきめた数を，□とすると，
　　　37×□×3
を計算することになります。
　かけ算では，かけられる数とかける数を入れかえても答えは同じです。また，3つの数のかけ算では，前からじゅんにかけても，あとの2つを先にかけても答えは同じです。
　このことから，
　　　37×□×3＝37×3×□
　　　　　　　　＝111×□
となります。

| |
|---|
| 37×1×3＝111 |
| 37×2×3＝222 |
| 37×3×3＝333 |
| 37×4×3＝444 |
| 37×5×3＝555 |
| 37×6×3＝666 |
| 37×7×3＝777 |
| 37×8×3＝888 |
| 37×9×3＝999 |

● したがって，111に，あなたがはじめにきめた数をかけることになりますから，同じ数が3つならぶのです。

● ほかにも，同じようなかけ算があります。

１から９までの数のうち，あなたがすきな数を１つきめてください。

● まず，91にその数をかけてください。

次に，その答えと，その答えの10倍をたしてください。

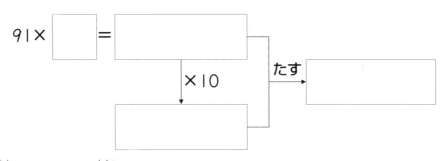

91× ☐ = ☐

×10

たす ☐

☐

計算すると，千の位の数と一の位の数は同じになります。その数こそ，はじめにあなたがきめた数です。

● どうしてそうなるのかを，考えてみましょう。

ある数を△とすると，△と，△の10倍をたすと，

$$△+(△×10)$$
$$=(△×1)+(△×10)$$
$$=△×(1+10)$$
$$=△×11$$

となり，11倍することになります。

91×1×11＝1001
91×2×11＝2002
91×3×11＝3003
91×4×11＝4004
91×5×11＝5005
91×6×11＝6006
91×7×11＝7007
91×8×11＝8008
91×9×11＝9009

● したがって，上の計算は，はじめにきめた数を☐とすると，

$$91×☐×11＝91×11×☐$$
$$＝1001×☐$$

となり，千の位の数と一の位の数が同じになるのです。

# 40 問題の考え方——①

問題　お店に来た人に，ボールペンを1本ずつ配ります。はじめに500本用意しました。のこっているのは18本です。お店に来た人は何人でしょう。

考え方　配ったボールペンの数を□本とすると，

　　　□＋18＝500

これより，

　　　□＝500－18＝482

配ったボールペンの数と，お店に来た人の数は同じです。

500本

□本　　18本

答え　482人

**1** 365からある数をひくと210になりました。ある数はいくつでしょう。

[20点]

式

答え

**2** スーパーで買い物をして267円はらうと，のこりは195円になりました。はじめに，何円持っていたでしょう。

[20点]

式

答え

③ ノート，えんぴつ，けしゴムを買って，189円はらいました。ノートは84円，けしゴムは63円でした。えんぴつはいくらでしょう。　[20点]

式

答え

④ 水460gにしおを入れてよくかきまぜると，きれいにとけて，しおは見えなくなり，しお水の重さは500gになりました。しおは何g入れたでしょう。　[20点]

式

答え

⑤ 赤いテープは3m45cmで，青いテープは赤いテープより70cm短いです。青いテープは何m何cmでしょう。　[20点]

式

答え

#  41 問題の考え方 — ②

問題 おさむくんはミニカーを 26 台持っています。お兄さんはおさむくんの 3 倍持っています。ミニカーは，2 人合わせて何台になるでしょう。

考え方 2 人合わせると，おさむくんが持っている分の 4 倍になりますから，

$$26 × 4 = 104$$

お兄さんが何台持っているかを計算しなくてももとまります。

おさむくん
26台

お兄さん

答え 104 台

**1** のりこさんは，おはじきを 34 こ持っています。お姉さんはのりこさんより 8 こ多く持っています。2 人合わせて，おはじきは何こになるでしょう。 [20点]

式

答え

**2** 色紙を，よしこさんはお姉さんの半分の 52 まい持っています。2 人合わせて，色紙は何まいになるでしょう。 [20点]

式

答え

**3** なわとびで，たかしくんは 67 回とびました。妹はたかしくんより 12 回少ないです。2人合わせて何回とんだでしょう。 [20点]

式

答え

**4** かなこさんはおはじきを 35 こ持っています。お姉さんに 6 こもらうと，お姉さんと同じ数になりました。はじめに，お姉さんはおはじきを何こ持っていたでしょう。 [20点]

式

答え

**5** みつきさんはつるを 54 羽おりました。お姉さんはみつきさんの 3 倍，お母さんはみつきさんの 5 倍おりました。3人合わせて何羽おったでしょう。 [20点]

式

答え

# 42 問題の考え方 ──③

【問題】 長さ150mの電車が走っています。この電車は，長さ750mのトンネルにはいりはじめてから出てしまうまでに何m走るでしょう。

【考え方】 図のように，トンネルの長さと電車の長さを合わせた長さを走ると，トンネルから出てしまいます。

750＋150＝900

|←── 750m ──→|←150m→|

トンネル

【答え】 900m

**1** 長さ160mの電車が走っています。 この電車は， 長さ550mの橋をわたりはじめてから， わたり終わるまでに何m走るでしょう。

[20点]

式 _____

答え _____

**2** 長さ320mの電車が， 長さ140mのトンネルを走っています。電車の前がトンネルから40m出たとき， うしろでトンネルにはいっていないのは何mですか。

[20点]

式 _____

答え _____

③ 長さ15mのバスが，橋をわたりはじめてから750m走ると橋をわたり終わりました。この橋の長さは何mですか。 [20点]

式

答え

④ 長さ160mの電車が，長さ680mのトンネルにうしろまではいってから，トンネルを出はじめるまでに，電車は何m走りますか。 [20点]

式

答え

⑤ 長さ180mの上り電車が，長さ160mの下り電車とすれちがいます。すれちがいはじめてから，すれちがい終わるまでに，上り電車は150m走りました。下り電車は何m走ったでしょう。 [20点]

式

答え

92

# 43 問題の考え方 ─ ④（植木算）

**問題** ひまわりを5本，間を20cmにして1列に植えました。
両はしのひまわりの間は何cmでしょう。

**考え方** 図のように，5本のひまわりの間は4つです。

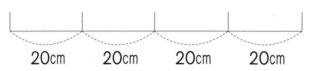

$$20 \times 4 = 80$$

より，両はしのひまわりの間は80cmです。

**答え** 80cm

**1** 長さ45mの道にそって，5mごとに木を植えます。両はしにも植えるとき，木は何本いるでしょう。 [20点]

式

答え

**2** まっすぐな道にそって，15mごとに木が植えてあります。この木の1本目から40本目まで走りました。何m走ったでしょう。 [20点]

式

答え

**③** まるい形をした池のまわりに，8m ごとに木を植えます。池のまわりの長さは 72m です。 木は何本いるでしょう。

[20点]

式

答え

**④** 池のまわりのジョギングコースには，12m ごとに木が植えてあります。 木がぜんぶで 50 本のとき， このジョギングコースは 1 しゅう何 m でしょう。

[20点]

式

答え

**⑤** 長方形の土地があり， そのまわりに 5m ごとに木が植えてあります。4 つの角には木が植えてあり， たてには木が 5 本， 横には木が 8 本あります。 この土地のまわりの長さは何 m ですか。

[20点]

式

答え

#  44 問題の考え方 — ⑤

問題　30cmのテープ2本を，図のように，はしから2cmのりをつけてつなぎました。全体の長さは何cmですか。

30cm　　　　　30cm

2cm

考え方　30cmのテープが2本で，重なりが2cmだから，

30×2−2＝58

となります。

答え　58cm

## 1

長さ30cmのテープ3本を，それぞれ，はしから2cmずつのりをつけてつなぎました。全体の長さは何cmになったでしょう。

[20点]

式

答え

## 2

長さ50cmのテープ7本を，それぞれ，はしから3cmずつのりをつけてつなぎました。全体の長さは何cmになったでしょう。

[20点]

式

答え

③ 71cmのテープと55cmのテープを，はしから何cmかずつ のりをつけてつなぐと，全体の長さは123cmになりました。のりをつけたのは，何cmですか。　　　　　　[20点]

式

答え

④ 長さ90cmのテープに，はしから3cmのりをつけてテープ をつなぐと，全体の長さは150cmになりました。つない だテープの長さは何cmですか。　　　　　　[20点]

式

答え

⑤ 同じ長さのテープが9本あります。はしから1cmずつのりをつけてつなぐと，全体の長さは64cmになりました。はじめのテープの長さは何cmでしょう。　　　　　　[20点]

式

答え

□ 編集協力　小南路子　坂下仁也
□ デザイン　アトリエ　ウインクル

シグマベスト
トコトン算数
小学 3 年の文章題ドリル

本書の内容を無断で複写（コピー）・複製・転載することを禁じます。また，私的使用であっても，第三者に依頼して電子的に複製すること（スキャンやデジタル化等）は，著作権法上，認められていません。

© 山腰政喜　2010　　　　Printed in Japan

著　者　山腰政喜
発行者　益井英郎
印刷所　株式会社天理時報社
発行所　株式会社文英堂
　　　　〒601-8121　京都市南区上鳥羽大物町28
　　　　〒162-0832　東京都新宿区岩戸町17
　　　　（代表）03-3269-4231

●落丁・乱丁はおとりかえします。

# 学習の記ろく

| 内よう | 勉強した日 | とく点 | とく点グラフ |||||
|---|---|---|---|---|---|---|---|
| | | | 0　20　40　60　80　100 | | | | |
| かき方 | 4 月 16 日 | 83 点 | ████████████████ | | | | |
| ① かけ算（1）－ ① | 月　　日 | 点 | | | | | |
| ② かけ算（1）－ ② | 月　　日 | 点 | | | | | |
| ③ かけ算（1）－ ③ | 月　　日 | 点 | | | | | |
| ④ 時こくと時間 － ① | 月　　日 | 点 | | | | | |
| ⑤ 時こくと時間 － ② | 月　　日 | 点 | | | | | |
| ⑥ 時こくと時間 － ③ | 月　　日 | 点 | | | | | |
| ⑦ わり算 － ① | 月　　日 | 点 | | | | | |
| ⑧ わり算 － ② | 月　　日 | 点 | | | | | |
| ⑨ わり算 － ③ | 月　　日 | 点 | | | | | |
| ⑩ わり算 － ④ | 月　　日 | 点 | | | | | |
| ⑪ 円と球 － ① | 月　　日 | 点 | | | | | |
| ⑫ 円と球 － ② | 月　　日 | 点 | | | | | |
| ⑬ 3けたの数の計算 － ① | 月　　日 | 点 | | | | | |
| ⑭ 3けたの数の計算 － ② | 月　　日 | 点 | | | | | |
| ⑮ 4けたの数の計算 | 月　　日 | 点 | | | | | |
| ⑯ 長さ | 月　　日 | 点 | | | | | |
| ⑰ あまりのあるわり算 － ① | 月　　日 | 点 | | | | | |
| ⑱ あまりのあるわり算 － ② | 月　　日 | 点 | | | | | |
| ⑲ あまりのあるわり算 － ③ | 月　　日 | 点 | | | | | |
| ⑳ 大きな数 － ① | 月　　日 | 点 | | | | | |
| ㉑ 大きな数 － ② | 月　　日 | 点 | | | | | |
| ㉒ 三角形 － ① | 月　　日 | 点 | | | | | |

ΣBEST
シグマベスト

# トコトン算数

## 小学**3**年の 文章題ドリル

# 答え

● 「答え」は見やすいように，わくでかこみました。

指導される方へ ▶ 3年の学習のねらいや内容を理解してもらうように，**指導上の注意** の欄を設けました。

## 文英堂

# **1** かけ算(1)—①

**1**
(1) 2ずつふえているから，かけ算の2のだんで，2×5＝10の次である。
   2×6＝12　　答え　12

(2) 4ずつふえているから，かけ算の4のだんで，4×3＝12の次である。
   4×4＝16　　答え　16

(3) 3ずつふえているから，かけ算の3のだんで，3×4＝12の次である。
   3×5＝15　　答え　15

(4) 8ずつふえているから，かけ算の8のだんで，8×1＝8の次である。
   8×2＝16　　答え　16

(5) 6ずつふえているから，かけ算の6のだんで，6×2＝12の次である。
   6×3＝18　　答え　18

(6) 5ずつふえているから，かけ算の5のだんで，5×3＝15の次である。
   5×4＝20　　答え　20

(7) 7ずつふえているから，かけ算の7のだんで，7×3＝21の次である。
   7×4＝28　　答え　28

(8) 9ずつふえているから，かけ算の9のだんで，9×5＝45の次である。
   9×6＝54　　答え　54

**2**　式　6×10＝60
　　答え　60円

**3**　式　10×7＝70
　　答え　70円

**4**　式　10×10＝100
　　答え　100mm

## 指導上の注意

▶かける数が1ふえると，答えはかけられる数だけふえます。並んでいる数をよく見て，いくつずつふえているかを求めさせてください。

▶2〜4では，
　1つ分の数×いくつ分
で，全体の数を求めます。
cmとmmは2年生で学習します。
1cm＝10mmであることは，再度確認させてください。

## ❷ かけ算(1)──②

**1**

| はいった ところ | 10点 | 5点 | 3点 | 0点 | 合計 |
|---|---|---|---|---|---|
| はいった数 | 2 | 1 | 3 | 4 | 10 |
| とく点 | 20 | 5 | 9 | 0 | 34 |

答え　34点

**2** 式　$4 \times 2 \times 6 = 48$
答え　48台

**3** 式　$3 \times 2 \times 9 = 54$
答え　54本

**4** 式　$2 \times 3 \times 4 = 24$
答え　24こ

## ❸ かけ算(1)──③

**1** リンゴとなしを合わせて，1人分は5こになります。
式　$(2+3) \times 7 = 5 \times 7 = 35$
答え　35こ

**2** 10このうち，4こ投げたから，1人6こずつ玉を持っています。
式　$(10-4) \times 8 = 6 \times 8 = 48$
答え　48こ

**3** 1人分は，7まいになります。
式　$(4+3) \times 6 = 7 \times 6 = 42$
答え　42まい

**4** のこりの長いすは6つです。
式　$4 \times (9-3) = 4 \times 6 = 24$
答え　24人

**5** のこっているのは，1人あたり9こです。
式　$(16-7) \times 9 = 9 \times 9 = 81$
答え　81こ

### 指導上の注意

▶**1**は，おはじき入れの結果を表にまとめます。きちんと表にまとめることで，計算間違いも少なくなります。
**2**～**4**は，3つの数のかけ算になります。前から順にかけていきます。

▶**1**は，リンゴとなしを別々に計算して，
　$2 \times 7 = 14$
　$3 \times 7 = 21$
　$14 + 21 = 35$
として求めることもできます。しかし，1人分を先に求めることで計算が楽になることをご指導ください。
**2**～**5**も同様です。

# ④ 時こくと時間 — ①

**1** 2時50分の16分後です。
10分後が3時で，その6分後です。
答え　3時6分

**2** 10時14分の25分前です。
14分前が10時で，その11分前です。
答え　9時49分

**3** 18時6分の14分前です。
6分前が18時で，その8分前です。
答え　17時52分

**4** 7時10分の3時間20分前です。
3時間前は4時10分，その10分前が4時で，さらにその10分前です。
答え　3時50分

**5** 午前11時45分の2時間35分後です。
2時間後は13時45分，つまり，午後1時45分で，その15分後が午後2時，さらにその20分後です。
答え　午後2時20分

## 指導上の注意

▶一時的に60分をこえる表示をすると，計算しやすくなりますが，教科書には書かれていません。
**1**は，
　　2時50分＋16分
　　　→2時66分→3時6分
**2**は，
　　10時14分－25分
　　　→9時74分－25分
　　　→9時49分
となります。
**3〜5**も同様です。

## 5 時こくと時間 — ②

**1** 2時45分の15分後が3時で, その17分
後です。15＋17＝32
答え　32分

**2** 40＋45＝85, 85－60＝25
85分は, 1時間25分です。
答え　1時間25分

**3** 10時51分の2時間後は12時51分で,
その9分後が13時, さらにその12分後
ですから,
2時間＋9分＋12分＝2時間21分
答え　2時間21分

**4** 午前11時30分の1時間後は午後0時30
分で, その30分後が午後1時, さらにそ
の15分後ですから,
1時間＋30分＋15分＝1時間45分
答え　1時間45分

**5** 1時間40分＋2時間35分
＝3時間75分＝4時間15分
答え　4時間15分

## 6 時こくと時間 — ③

**1**
(1) 80秒
(2) 95秒
(3) 1分40秒
(4) 1分15秒
(5) 120秒

**2**
(1) 53秒
(2) 24秒
(3) 5分55秒
(4) 8分18秒
(5) 3分26秒
(6) 5分36秒

**3**
(1) 分
(2) 時間
(3) 秒
(4) 分

### 指導上の注意

▶所要時間の計算では,
　　後の時刻－前の時刻
を計算しますが, これも教科書には
書かれていません。

**1**は,
　　3時17分－2時45分
　　→2時77分－2時45分
　　→32分

**3**は,
　　13時12分－10時51分
　　→12時72分－10時51分
　　→2時間21分
となります。

▶**3**は, 極端な場合,「歯を磨くのは
3秒」という人もいるかもしれませ
んが,「ふつうはどのくらいか」で
考えます。

## **7** わり算──①

**1** 4本ずつ□人に分けると，4×□＝28
式　28÷4＝7　　答え　7人

**2** 5まいずつ□人に分けると，5×□＝30
式　30÷5＝6　　答え　6人

**3** 4人ずつ□はんつくると，4×□＝32
式　32÷4＝8　　答え　8つ

**4** 7cmずつ□本で，7×□＝35
式　35÷7＝5　　答え　5本

**5** 7日間ずつ□週間で，7×□＝63
式　63÷7＝9　　答え　9週間

## **8** わり算──②

**1** □こずつ5人分で，□×5＝40
式　40÷5＝8
答え　8こ

**2** □まいずつ6人分で，□×6＝42
式　42÷6＝7
答え　7まい

**3** □mずつ8本分で，□×8＝72
式　72÷8＝9
答え　9m

**4** □人ずつ9台分で，□×9＝16＋20
式　(16＋20)÷9＝36÷9＝4
答え　4人

**5** □まいずつ7人分で，□×7＝21＋28
式　(21＋28)÷7＝49÷7＝7
答え　7まい

### 指導上の注意

▶わり算の式をつくるには，わられる数とわる数を見極めることが大切です。単純に，

　　大きい数÷小さい数

としてしまうと，5年生になって小数のわり算をする際に混乱してしまいます。最初が肝心ですから，

　　全体の数÷1つ分の数
　　全体の数÷いくつ分

で求めることをご指導ください。
わかりにくい場合には，左の解答にもあるように，□を使ってかけ算の式をつくり，それをわり算になおさせてください。

▶**4**では，おとなと子どもを合わせて，36人で考えます。
**5**では，絵はがきの値段は関係ありません。問題をよく読んで，必要な数値のみを使うようにご指導ください。

**❾ わり算──③**

**➊** 弟の□倍がたかしくんだから，4×□＝20
式　20÷4＝5　　答え　5倍

**➋** みつきさんの□倍がゆきこさんだから，
9×□＝27
式　27÷9＝3　　答え　3倍

**➌** 青の□倍が赤だから，6×□＝54
式　54÷6＝9　　答え　9倍

**➍** 画用紙のねだんを□円とすると，その8倍
がえんぴつだから，□×8＝40
式　40÷8＝5　　答え　5円

**➎** のりこさんが□こ持っているとすると，そ
の7倍がゆみこさんだから，□×7＝35
式　35÷7＝5　　答え　5こ

**❿ わり算──④**

**➊** 24÷3＝8より，8まいふえます。
式　50＋(24÷3)＝50＋8＝58
答え　58まい

**➋** 72÷9＝8より，8日で読み終わります。
式　72÷9－5＝8－5＝3
答え　3日

**➌** 60－4＝56より，配ったのは56まい。
式　(60－4)÷7＝56÷7＝8
答え　8人

**➍** 21－3＝18より，ふみこさんの2倍が18回。
式　(21－3)÷2＝18÷2＝9
答え　9回

**➎** 式　30÷6＝5　　答え　5本

**➏** 式　35÷5＋1＝7＋1＝8　　答え　8本

---

**指導上の注意**

▶○の□倍が△のとき，
　○×□＝△

となります。まず，この形でかけ算
の式をつくってから，わり算になお
すと，考えやすいです。

▶式は，2つに分けてもかまいませ
ん。1つにまとめるときは，先に計
算するところに，（　）をつけるよ
うご指導ください。かけ算やわり算
を，たし算やひき算より先に計算す
ることは，4年生で学習します。
5，6は，図をかいて考えます。
5では，木と木の間の数と，木の数
は同じです。

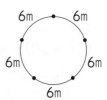

6では，木と木の間の数に1をたし
た数が，木の数になります。

5m・5m・5m・5m・5m・5m・5m

# ⑪ 円と球 — ①

**1** (1) 12cm　(2) 10cm　(3) 2cm
　　(4) 9cm　(5) 6m　(6) 8m
　　(7) 5m　(8) 7m

**2** (1) 8cm　(2) 4cm

**3** (1) 6cm　(2) 3cm

**4** 半径の7倍になるから，2×7＝14
　　答え　14cm

# ⑫ 円と球 — ②

**1** 球の直径は8cmです。
　　答え　4cm

**2** (1) ボール3こ分が15cmです。
　　　15÷3＝5　　答え　5cm
　　(2) ボール4こ分です。
　　　5×4＝20　　答え　20

**3** (1) 半径3cmの円の半径です。
　　　答え　3cm
　　(2) 半径4cmの円の半径です。
　　　答え　4cm
　　(3) 5−3＝2　　答え　2cm
　　(4) 5−4＝1　　答え　1cm
　　(5) 3−1＝2　　答え　2cm

## 指導上の注意

▶直径と半径の関係は，
　直径＝半径×2
　半径＝直径÷2
です。
**4**は，半径がいくつ分になるかを求めるとかんたんです。

▶球についても，円と同じで，
　直径＝半径×2
　半径＝直径÷2
です。
**3**では，わかった長さを図にかいていくと，よくわかります。(5)は，点アから点エまでの長さから，点アから点ウまでの長さをひきます。

## ⓭ 3けたの数の計算—①

**1** 式　256＋192＝448
答え　448ページ

**2** 式　350－180＝170
答え　170mL

**3** 式　367＋295＝662
答え　662人

**4** 式　500－309＝191
答え　191円

**5** 式　1000－659＝341
答え　341羽

## ⓮ 3けたの数の計算—②

**1** 式　336－197＝139
答え　139ページ

**2** 式　726－480＝246
答え　246円

**3** 式　189＋45＝234
答え　234点

**4** 式　257＋311＋286＝854
答え　854羽

**5** お母さんにもらった分をたしてから，本の
代金をひきます。
式　516＋300－760＝56
答え　56円

**6** おとなと子どもを合わせた人数を計算し，
1000からひきます。
式　1000－（375＋567）＝58
答え　58人

### 指導上の注意

▶3けたになっても，「合せていくつ」「ふえるといくつ」はたし算になり，「のこりはいくつ」「ちがいはいくつ」はひき算になります。
計算は筆算で，位をそろえて書き，くり上がりやくり下がりに気をつけるようにさせてください。
**5**では，1000からのひき算になります。一の位の計算のときに，千の位から百の位，十の位，一の位へと順にくり下げていきます。

▶**6**では，1000から，おとなの人数，子どもの人数を順にひいても求められます。つまり，

1000－375－567
＝625－567
＝58

# ⓯ 4けたの数の計算

**①** 式　1280＋350＝1630
答え　1630円

**②** 式　3776－333＝3443
答え　3443m

**③** 式　1598＋2436＝4034
答え　4034人

**④** 式　1200＋720＝1920
答え　1920mL

**⑤** 式　2000－705＝1295
答え　1295円

**⑥** 式　2702－48＝2654
答え　2654円

# ⓰ 長　さ

**①** 式　700－300＝400
答え　400m

**②** 式　15＋37＝52　　答え　52km

**③** 式　3×5＝15　　答え　15km

**④** 式　16÷2＝8　　答え　8km

**⑤** 式　26m90cm－24m74cm＝2m16cm
答え　2m16cm

**指導上の注意**

▶4けたになっても，3けたまでと同じように，筆算で計算します。

▶5では，同じ単位のところを計算します。

## ⑰ あまりのあるわり算—①

**1** 式　30÷7＝4 あまり 2
答え　4 人に分けられて 2 こあまる

**2** 式　50÷6＝8 あまり 2
答え　8 人に分けられて 2 まいあまる

**3** 式　35÷4＝8 あまり 3
答え　8 本できて 3m あまる

**4** 式　58÷9＝6 あまり 4
答え　1 人分は 6 こで，4 こあまる

**5** 式　36÷5＝7 あまり 1
答え　1 人分は 7 本で，1 本あまる

## ⑱ あまりのあるわり算—②

**1** 式　31÷4＝7 あまり 3
7 つでは 3 人すわれない。
答え　8 つ

**2** 式　40÷6＝6 あまり 4
あまりの 4 こでは 6 こ入りにならない。
答え　6 つ

**3** 式　60÷8＝7 あまり 4
7 回では 4 このこる。
答え　8 回

**4** 式　30÷4＝7 あまり 2
あまりの 2cm には 4cm の本は立たない。
答え　7 さつ

**5** 式　70÷8＝8 あまり 6
あまりの 6cm ではわかざりはつくれないから，ぜんぶで 8 こつくれる。そのうち，3 こつくったから，
8－3＝5
答え　5 こ

### 指導上の注意

▶検算には，いわゆる，「たしかめの計算」が有効です。これは，
　わる数×商＋余り
を計算し，それがわられる数になれば正解です。ただし，余りはわる数より小さくなっていることも確かめてください。
**1**では，7 個ずつ 4 人に分けると 2 個余るから，
　　7×4＋2＝28＋2＝30
となり，はじめのキャンディーの数に一致します。

▶余りの処理を考えます。
なお，いすのかぞえ方は脚を用いますが，子ども向けには 8 つとしています。
**5**では，先に残りのテープの長さを求めて，
　　70－(8×3)＝46
　　46÷8＝5 あまり 6
として，5 こと答えてもかまいません。

## ⓳ あまりのあるわり算──③

**1** 式　28÷5＝5あまり3
5人ずつ5つのはんに分かれると3人あまる。この3人が1人ずつ3つのはんにはいる。
答え　6人のはんが3つと5人のはんが2つ

**2** 式　69÷8＝8あまり5
8まいずつ分けると5まいあまる。この5まいを1まいずつ5人に分ける。
答え　5人

**3** 式　60÷7＝8あまり4
8こずつかたづけると4こあまる。この4こを1こずつ4人でかたづけるから、7人のうち4人が1こ多い。
1こ少ないのは、7－4＝3
答え　3人

**4** 式　42÷8＝5あまり2
5こずつ分けると2こあまる。これを1人じめするから、
5＋2＝7
答え　7こ

**5** 式　28÷6＝4あまり4
1つの本立てで4さつはいるから、2つでは、
4×2＝8
答え　8さつ

### 指導上の注意

▶やや複雑な余りの処理です。問題をよく読むように、ご指導ください。
**5**では、本立て2つ分で、
28＋28＝56(cm)
56÷6＝9あまり2
よって、9さつ
としてはいけません。1つの本立てでは4cm余りますが、これを2つ分合わせて8cmとしても、6cmの図鑑は立ちません。

# ㉔ 大きな数──①

**1** (1) 一万の位　　(2) 百万の位
(3) 4　　　　　(4) 千万の位
(5) 三千六百四十二万七千九十五

**2** (1) 二千五十六万三千八百九
(2) 五千八万六百四

**3** (1) 56729045
(2) 20300008

**4** (1) 7004000
(2) 100000000

# ㉑ 大きな数──②

**1** 式　18万＋13万＝31万
答え　31万円

**2** 式　77万－28万＝49万
答え　49万円

**3** 式　23万＋14万＋17万＝54万
答え　54万人

**4** 5つの数を大きいじゅんにならべます。
答え　97531

**5** 一万の位は0にできませんから，2です。
のこりの0，4，6，8を小さいじゅんにな
らべます。
答え　20468

## 指導上の注意

▶ 千万を10個合わせた数を一億と
いい，100000000と書きます。
これは，
99999999より1大きい数
99999990より10大きい数
99999900より100大きい数
というように表されます。

▶4，5では，5けたの数をつくりま
す。注意することは，一番上の位，
この問題では一万の位を0にしては
いけないということです。単純にカ
ードを並べる場合は左はしが0でも
よいのですが，「5けたの数」と書
いてありますから，左はしのカード
の数が一番上の位の数を表すことに
なり0は並べられなくなるのです。

## ㉒ 三角形 —①

**1** 式　7×3＝21
答え　21cm

**2** 式　18÷3＝6
答え　6cm

**3** 式　6＋(9×2)＝6＋18＝24
答え　24cm

**4** 式　16－(6×2)＝16－12＝4
答え　4cm

**5** 式　(19－7)÷2＝12÷2＝6
答え　6cm

## ㉓ 三角形 —②

**1** (1)　二等辺三角形
(2)　正三角形

**2** (1)　二等辺三角形
(2)　二等辺三角形
(3)　4×3＝12　　答え　12cm
(4)　4×4＝16　　答え　16cm

**3** (1)　点アを中心とする半径5cmの円の半径
です。
答え　5cm
(2)　辺アエと辺アカは，どちらも5cmです。
答え　二等辺三角形
(3)　3辺とも5cmです。
答え　正三角形
(4)　5×3＝15　　答え　15cm

**4** 6cmの8こ分の長さです。
6×8＝48
答え　48cm

## 24 かけ算(2)—①

**1** 式　63×9＝567
答え　567円

**2** 式　18×7＝126
答え　126L

**3** 式　63×8＝504
答え　504円

**4** 式　27×4＝108
答え　108cm

**5** 式　36×6＝216
答え　216こ

## 25 かけ算(2)—②

**1** 式　37×4＝148
答え　148人

**2** 式　96×5＝480
答え　480ページ

**3** 式　76×4＝304
答え　304円

**4** 式　46×6＝276
　　　276cm＝2m76cm
答え　2m76cm

**5** 式　54×9＝486
答え　486まい

**6** 式　55×7＝385
答え　385人

---

**指導上の注意**

▶ かけ算で全体の数を求めるときは，

　　|つ分の数×いくつ分

を計算します。
**5**では，36個ずつ6箱分ですから，

　　36×6

となります。
計算は，筆算で，位に気をつけてします。くり上がりにも注意させましょう。

▶**3**では，ジュースのかさは5倍ですが，値段は4倍です。問題をよく読み，必要な数だけで式をつくるようご指導ください。

# ㉖ かけ算(2)—③

**1** 式　218×7=1526
答え　1526円

**2** 式　148×6=888
答え　888円

**3** 式　185×8=1480
答え　1480人

**4** 式　182×3=546
答え　5m46cm

**5** 式　720×9=6480
答え　6L480mL

**6** 式　325×5=1625
答え　1km625m

# ㉗ かけ算(2)—④

**1** 式　(63×4)+(88×2)
　　　=252+176=428
答え　428円

**2** 式　500−(84×4)
　　　=500−336=164
答え　164円

**3** 式　(420×3)+(160×5)
　　　=1260+800=2060
答え　2060円

**4** 式　(28+63)×7=91×7=637
答え　637円

**5** 式　95×5×6=475×6=2850
答え　2850円

**6** 式　120×8×5=960×5=4800
答え　4800円

## 指導上の注意

▶**4**〜**6**では，単位の換算が必要です。

　　100cm　＝1m
　　1000mL＝1L
　　1000m　＝1km

であることを利用して，

　　546cm＝5m46cm
　　6480mL＝6L480mL
　　1625m＝1km625m

となります。

▶式を1つにまとめるときは，先に計算するところには（　）をつけるようご指導ください。計算の優先順位の学習は4年生ですから，ここでは（　）を省略しません。

**4**では，絵はがきに切手をはって，1組で91円と考えると計算が楽です。

**5**，**6**では，2けた×2けたのかけ算を学習した後は，

　　95×5×6=95×30
　　　　　　=2850
　　120×8×5=120×40
　　　　　　=4800

と計算する方が楽です。

## 28 小数——①

**1** 式　1.9＋2.3＝4.2
　　答え　4.2km

**2** 式　3.2－1.4＝1.8
　　答え　1.8m

**3** 式　8.4＋5.6＝14
　　答え　14L

**4** 式　7.2－1.2＝6
　　答え　6km

**5** (1)　式　2.7＋1.5＝4.2
　　　　答え　4.2
　　(2)　式　2.7－1.5＝1.2
　　　　答え　1.2

## 29 小数——②

**1** 式　2.8－1.9＝0.9
　　答え　0.9L

**2** 式　12.7＋19.8＝32.5
　　答え　32.5L

**3** 式　15.2－12.5＝2.7
　　答え　2.7cm

**4** 式　137.5－129.8＝7.7
　　答え　7.7cm

**5** 式　5.4＋6.5＋8.3＝20.2
　　答え　20.2cm

**6** 式　45.3－(12×3)＝45.3－36＝9.3
　　答え　9.3cm

### 指導上の注意

▶小数の場合も，整数と同じように式を立てて計算します。

**3**では，筆算で計算すると，14.0となりますが，小数点以下で一番下の位，この場合は小数第1位が0になったとき，0にななめの線を書いて消します。答えを書くときは，小数点も書かずに，14Lとします。

**4**も同じです。

▶**6**は，式を2つに分けて，
　　12×3＝36
　　45.3－36＝9.3
と計算することもできます。

# 30 分　数

1　$\dfrac{1}{4}$ L

2　$\dfrac{4}{9}$ kg

3　(1) $\dfrac{3}{5}$ L　(2) $\dfrac{2}{5}$ L

4　(1) $\dfrac{5}{7}$ L　(2) $\dfrac{2}{7}$ L　(3) 1 L

　　(4) $\dfrac{3}{7}$ L

# 31 表とグラフ — ①

1　(1) 37人
　(2) ぶどう，いちご，
　　　りんご
　(3) 11人
　(4) 表は，右のように
　　　なる。

| くだもの | 人数 |
|---|---|
| メロン | 11 |
| もも | 8 |
| すいか | 7 |
| その他 | 11 |
| 合計 | 37 |

2　(1) 表は，右のように
　　　なる。
　(2) いくら，たい，た
　　　こ，あなご
　(3) まぐろ
　(4) えびが2こ多い。

| おすし | こ数 |
|---|---|
| まぐろ | 10 |
| はまち | 8 |
| えび | 6 |
| いか | 4 |
| たまご | 3 |
| その他 | 5 |
| 合計 | 36 |

▶3，4では，目もりをかぞえて答えます。分数の計算で求めると，

3(2)は，$1 - \dfrac{3}{5} = \dfrac{5}{5} - \dfrac{3}{5} = \dfrac{2}{5}$

4(3)は，$\dfrac{5}{7} + \dfrac{2}{7} = \dfrac{7}{7} = 1$

4(4)は，$\dfrac{5}{7} - \dfrac{2}{7} = \dfrac{3}{7}$

となります。

▶2では，まず，正の字を使って個数をかぞえさせてください。問題文には，1行に6個ずつ6行書いてありますから，

　　6×6＝36

より，36個食べていますから，種類別の合計が36になることを確かめさせてください。

## ㉜ 表とグラフ──②

**1**
(1) 2 さつ
(2) 6 年生で，34 さつ
(3) 2 年生で，19 さつ
(4) 22＋19＋26＋20＋32＋34
＝153
答え　153 さつ

**2**
(1) 5 分　　(2) 40 分　　(3) 35 分
(4) 土曜日で，55 分
(5) 一番短いのは金曜日の 25 分だから，
55－25＝30
答え　30 分
(6) 45＋40＋30＋35＋25＋55
＝230（分）
答え　3 時間 50 分

### 指導上の注意

▶グラフを見るときは，1 目もりがどれだけを表しているかをよみとることが大事です。

2(6)では，2 けたのかけ算やわり算を学習していませんから，60 分ずつを 1 時間になおして，

230 分＝1 時間 170 分
＝2 時間 110 分
＝3 時間 50 分

とすることになります。

## ㉝ 表とグラフ──③

**1**

| 動物 | 1組 | 2組 | 3組 | 合計 |
|---|---|---|---|---|
| パンダ | 14 | 10 | 12 | 36 |
| うさぎ | 5 | 6 | 11 | 22 |
| コアラ | 8 | 14 | 7 | 29 |
| その他 | 7 | 4 | 5 | 16 |
| 合計 | 34 | 34 | 35 | 103 |

**2**
(1)

| けが | 4月 | 5月 | 6月 | 合計 |
|---|---|---|---|---|
| すりきず | 10 | 13 | 12 | 35 |
| 切りきず | 12 | 9 | 11 | 32 |
| うちみ | 18 | 16 | 19 | 53 |
| その他 | 9 | 6 | 10 | 25 |
| 合計 | 49 | 44 | 52 | 145 |

(2) 6 月で，52 人
(3) うちみで，53 人

▶表にまとめて整理するとき，縦の合計を横に合計したものと，横の合計を縦に合計したものが一致することを確認することが大事です。

## **34** 重さ──①

**1** 式　130＋420＝550　　答え　550g

**2** 式　740－450＝290　　答え　290g

**3** 式　2kg350g－1kg200g＝1kg150g
答え　1kg150g

**4** 式　270＋20＝290　　答え　290g

**5** 式　水7Lの重さは，
7800g－800g＝7000g＝7kg
水7Lの重さが7kgだから，
7÷7＝1
答え　1kg

## **35** 重さ──②

**1** 式　14×6＝84
答え　84kg

**2** 式　35÷7＝5
答え　5kg

**3** 式　250×8＝2000
答え　2000kg，2t

**4** 式　520×6＋150＝3120＋150
＝3270
答え　3kg270g

**5** 式　130×4×8＝520×8＝4160
答え　4kg160g

**6** 式　（350×4）＋（170×8）
＝1400＋1360＝2760
答え　2kg760g

## 36 かけ算(3)──①

**1** 式　50×45＝2250
答え　2250円

**2** 式　25×18＝450
答え　450m

**3** 式　24×27＝648
答え　648まい

**4** 式　68×36＝2448
答え　2448円

**5** 式　72×38＝2736
答え　27m36cm

**6** 式　60×24＝1440
答え　1440分

## 37 かけ算(3)──②

**1** 式　(84×15)＋(94×8)
　＝1260＋752＝2012
答え　2012円

**2** 式　600－(16×34)＝600－544＝56
答え　56まい

**3** 式　1000－(42×18)＝1000－756
　＝244
答え　244円

**4** 式　(12×30)－(7×50)
　＝360－350＝10
答え　10本

**5** 式　900－(28×32)＝900－896＝4
答え　4cm

**6** 式　(45×37)＋(27×74)
　＝1665＋1998＝3663
答え　3kg663g

### 指導上の注意

▶6では，1日が24時間であることを用いています。ちなみに，
　1440×60＝86400
より，1日は86400秒です。

▶4では，1ダースが12本であることを用います。

## 38 かけ算(3)—③

**1** 式　25×15×7＝375×7＝2625
答え　2625m

**2** 式　12×3×17＝36×17＝612
答え　612本

**3** 式　25×3×5＝75×5＝375
答え　375mL

**4** 式　(50＋20)×14＝70×14＝980
答え　980円

**5** 式　(78＋16)×29＝94×29＝2726
答え　2726円

**6** 式　(24＋18)×38＝42×38＝1596
答え　1596まい

## 39 かけ算(3)—④

**1** 式　120×25＝3000
答え　3000円

**2** 式　254×14＝3556
答え　3556m

**3** 式　375×24＝9000
答え　9000mL

**4** 式　216×28＝6048
答え　6048まい

**5** 式　126×37－62＝4662－62＝4600
答え　4600円

**6** 式　525×31＋735
＝16275＋735＝17010
答え　17010円

**指導上の注意**

▶**5，6**では，1人分を先に計算してから，人数をかけると楽に計算できます。

▶3けた×2けたでも，
2けた×2けたと同じように，筆算で計算します。かけ算の式は，
　1つ分の数×いくつ分
で立てます。**4**は1人分が216まいで，28人分ですから，
　216×28
となります。
**6**では，5けた＋3けたのたし算になりますが，4けたのたし算と同様に，位をそろえて，くり上がりに気をつけて筆算で計算させましょう。

```
   ¹ ¹ ¹ ¹
  16275
+   735
  17010
```

## �40 問題の考え方—①

**1** ある数を□とすると, 365 −□= 210
式　365 − 210 = 155
答え　155

**2** □円持っていたとすると, □− 267 = 195
式　267 + 195 = 462
答え　462円

**3** えんぴつを□円とすると,
84 +□+ 63 = 189
式　189 − 84 − 63 = 42
答え　42円

**4** しおを□gとかしたとすると,
460 +□= 500
式　500 − 460 = 40
答え　40g

**5** 式　3m45cm − 70cm = 345cm − 70cm
　　　= 275cm = 2m75cm
答え　2m75cm

**指導上の注意**

▶図は, 次のようになります。

**1**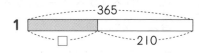

**2**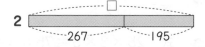

**3**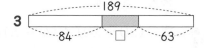

**4**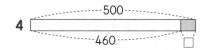

**5**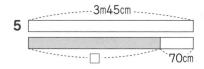

# 41 問題の考え方──②

## 1

のりこさん
お姉さん

34こ
34こ　8こ

式　34×2＋8＝68＋8＝76
答え　76こ

## 2

よしこさん
お姉さん

52まい
52まい　52まい

お姉さんは，よしこさんの2倍持っています。
式　52×3＝156　　答え　156まい

## 3

たかしくん
妹

67回
12回

2人合わせると，67回の2倍より12回少ないです。
式　67×2－12＝134－12＝122
答え　122回

## 4

かなこさん
お姉さん

35こ　6こ
6こ

かなこさんが6こふえたとき，お姉さんは6こへっています。
式　35＋6＋6＝47　　答え　47こ

## 5

みつきさん
お姉さん
お母さん

54羽

式　54×（1＋3＋5）＝54×9＝486
答え　486羽

## 指導上の注意

▶文章題を解くときは，図をかいて考えるとわかりやすくなります。図をかくときは，できるだけ正確にかきます。特に，同じ個数のところは同じ長さにします。そうすると，

　　2では，52枚の3倍
　　5では，54羽の9倍

であることが，容易にわかります。

## ㊷ 問題の考え方 — ③

**1**
式　550＋160＝710
答え　710m

**2**
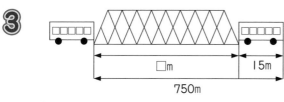

式　320－40－140＝140
答え　140m

**3**

式　750－15＝735
答え　735m

**4**

| 160m | トンネル　　　　　　　□m |
| 680m | |

式　680－160＝520
答え　520m

**5**

上り電車　180m →

← 下り電車　160m

上り電車と下り電車の長さを合わせた長さ
を，2つの電車は走ります。そのうち，上
り電車が150m走っています。
式　180＋160－150＝190
答え　190m

---

### 指導上の注意

▶**1**は，橋の長さと電車の長さを合わせた長さだけ走ると，橋をわたり終わります。

**2〜4**も，図をかいて，トンネルや橋と，電車やバスとの位置関係から式を立てるようご指導ください。

**5**では，一方の電車を止めて考えるとわかりやすいです。下り電車が止まっているとすると，すれ違い始めてから，すれ違い終わるまでに，下り電車と上り電車の長さの和だけ走ります。実際には，そのうちの150mだけ上り電車が走りますから，残りを下り電車が走ることになります。

# ❹❸ 問題の考え方 — ④（植木算）

**1** 木の数は間の数より１大きい。
式　$45 \div 5 + 1 = 9 + 1 = 10$
答え　10本

**2** 間の数は木の数より１小さい。
式　$15 \times (40 - 1) = 15 \times 39 = 585$
答え　585m

**3** 木の数は間の数と同じ。
式　$72 \div 8 = 9$
答え　9本

**4** 間の数は木の数と同じ。
式　$12 \times 50 = 600$
答え　600m

**5** たては，$5 \times (5 - 1) = 20$(m)
横は，$5 \times (8 - 1) = 35$(m)
式　$(20 + 35) \times 2 = 110$
答え　110m

## 指導上の注意

▶一列に並んでいる場合は，木と木の間の数よりも，木の数は１大きくなります。また，円形に並んでいる場合は，間の数と木の数は同じです。これは，

● … 木がある
○ … 木がない
—— 木と木の間

として，

を並べていくと，よくわかります。
一列の場合は，

のように，右端にもう１本木が必要になりますが，円形の場合は，一列の場合の右端の部分が最初の木に重なりますから，間の数と木の数が一致するのです。

**問題の考え方——⑤**

**1**

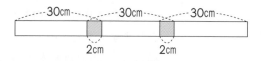

式　(30×3)−(2×2)＝90−4＝86

答え　86cm

**2**　式　(50×7)−(3×6)＝350−18
　　　　　　　　　　　＝332

答え　332cm

**3**

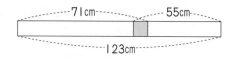

式　71＋55−123＝3

答え　3cm

**4**

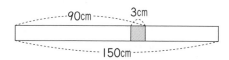

式　150−90＋3＝63

答え　63cm

**5**　のりづけのためにつかった長さは，

1×8＝8(cm)

テープ9本分の長さは，

64＋8＝72(cm)

式　(64＋8)÷9＝72÷9＝8

答え　8cm